BIG IDEAS
超级脑洞

神奇有趣的生物

〔英〕海伦·奥特韦 〔英〕威廉·波特 著

〔加〕卢克·赛甘-马吉 绘 七月 译

晨光出版社

图书在版编目（CIP）数据

神奇有趣的生物 /（英）海伦·奥特韦，（英）威廉·波特著；（加）卢克·赛甘－马吉绘；七月译 . -- 昆明：晨光出版社，2025.1
（超级脑洞）
ISBN 978-7-5715-1992-6

Ⅰ.①神… Ⅱ.①海… ②威… ③卢… ④七… Ⅲ.①生物学－儿童读物 Ⅳ.① Q-49

中国国家版本馆 CIP 数据核字（2023）第 078157 号

著作权合同登记号 图字：23-2023-010 号

CHAOJI NAODONG
SHENQI YOUQU DE SHENGWU
BIG IDEAS
超级脑洞
神奇有趣的生物

〔英〕海伦·奥特韦 〔英〕威廉·波特 著
〔加〕卢克·赛甘－马吉 绘 七月 译

出版人 杨旭恒

项目策划 禹田文化		**项目编辑** 卢奕彤	
执行策划 姚俊雅		**装帧设计** 张 然	
责任编辑 李 政		**营销编辑** 张玉煜	
版权编辑 张晴晴		**责任印制** 盛 杰	

出　　版	晨光出版社
地　　址	昆明市环城西路 609 号新闻出版大楼
邮　　编	650034
发行电话	（010）88356856　88356858
印　　刷	小森印刷霸州有限公司
经　　销	各地新华书店
版　　次	2025 年 1 月第 1 版
印　　次	2025 年 1 月第 1 次印刷
开　　本	145mm×210mm　32 开
印　　张	3.5
ＩＳＢＮ	978-7-5715-1992-6
字　　数	80 千
定　　价	28.00 元

退换声明：若有印刷质量问题，请及时和销售部门（010-88356856）联系退换。

目录

用知识喂饱你的大脑吧！

  有些健脑食物很美味，但是有些可能会让你反胃！

在接下来的阅读中，你会参观一座头发博物馆，进入一间奶酪屋，还要驾驶一辆裹满巧克力酱的汽车。你还将游览滚烫的行星，爬上世界最高的山脉，穿越最狂野的雨林。至于旅途之后的午休甜点，来一份黏糊糊的蜗牛怎么样？怎么，你完全不害怕？那就继续往下读吧！

脑洞大开的身体

为什么有人是直发，有人是卷发？

你的头发是卷的还是直的，取决于毛囊的形状。卷发是从椭圆形的毛囊里长出来的，而直发是从圆形的毛囊里长出来的。

你记起一件事情的速度能有多快？

我们检索大脑的内存只需要 0.0004 秒。

你知道吗？

身体中骨骼的数量在你发育过程中会有所变化。初生的婴儿骨骼可多达 305 块，随着年龄增长，部分骨骼相互融合。成年人全身骨骼数量为 206 块。

你知道吗？

有些肌肉根本不听你的控制！它们被称为不随意肌（如心肌），身体利用它们完成呼吸和消化食物等功能。

你的身体里有多少细胞？

人体由 40 万亿—60 万亿个细胞组成。

左撇子的吃饭习惯不一样吗？

如果你习惯用右手，你会倾向用右边的牙齿咀嚼食物；而如果你是左撇子，你会倾向用左边的牙齿咀嚼食物。

3

成年人的大脑比孩子的大吗?

是的。但大得不多!在你6岁的时候,你的大脑容量已经达到成年人的大脑容量的90%了。

人体器官组成了几个系统?

人体共有八大系统,分别是运动系统、神经系统、内分泌系统、循环系统、呼吸系统、消化系统、泌尿系统、生殖系统。

你身体里最坚硬的东西是什么?

你也许想不到,牙齿才是人体最坚硬的部分。

为什么我们治愈不了普通感冒？

有数百种病毒可以让你感冒，要想治愈感冒，只能依靠你自身的抵抗力，没有一种药可以保证药到病除！

阿司匹林起初是由什么制成的？

阿司匹林提取自柳树皮，据说在公元前5世纪，希波克拉底就已经使用柳树皮治病了。

你知道吗？

一位英国老人到处找不到假牙，最后他发现假牙被自己的狗吃进了肚子里！为了把假牙取出来，这条狗不得不接受了3个小时的手术。

红细胞能在体内循环多少次？

红细胞产生于你的骨髓。每个红细胞在死亡之前，会在体内循环大约 25 万次。

人类身体的哪个部位最贪婪？

大脑是所有器官中最"饥饿"的！你每天摄入的热量中的 20% 都要提供给它。

你能用鼻子"尝"东西吗？

你的鼻子的确可以帮助你品尝食物！所以，当你患感冒，感到鼻塞的时候，也很难尝出食物的味道。

你知道吗？

每 200 个人中就有 1 个人有一对多余的肋骨。

你一生中能吃掉多少食物？

在你的一生中，消化系统会为你处理大约 65 吨的食物！

抽筋是什么?

肌肉会在你意想不到的时候发生强直性收缩,让你疼痛难忍,这就是抽筋!

在紧急情况下,你的身体会分泌一种叫肾上腺素的激素,能够让你身体的反应比平时更快。

世界上有头发博物馆吗?

有。美国密苏里州的莱拉头发博物馆展出许多由头发制成或含有头发的花环、图片、珠宝和明信片。这些展品大多制作于维多利亚时代。

揉一揉真的能减轻疼痛吗？

疼痛信号到达大脑的速度比触觉信号要慢，所以揉一揉真的有效！

你知道吗？

你的肠道中潜伏着几百种细菌。

有人可以几十年不洗头吗？

一名 80 岁的老人有 23 年没有洗过头。在他同意洗头的那天，12 位亲戚和朋友花了 5 个小时才把他 2 米长的、乱蓬蓬的头发上的污垢清理干净！

你的毛发多长时间脱落？

一根眉毛大约生长 10 周后脱落，而一根头发可以在你的头上停留大约 5 年。

你知道吗？

我们的身体约有 230 处滑膜关节，其中被明确命名的关节有 78 个。

头发能告诉我们什么？

法医学家可以通过一根头发来推测一个人的年龄、性别和健康状况。

你的肌肉反应有多快？

你的一些肌肉可以在几分之一秒内进行收缩和放松，比如眼睛里的肌肉。

说话有多"辛苦"？

你说话时至少会用到72块肌肉。这可是相当"辛苦"的锻炼！

口水有什么好处？

呕吐前流口水是身体自我保护的一种方式，可以让牙齿免受呕吐物中的胃酸的伤害。

你身体里最大的内脏器官是什么？

肝脏是人体最大的内脏器官，它有 500 多项功能，并且有双重血液供应。

你知道吗？

即使没有大肠，你也能活下去。

人们如何给粪便分类？

布里斯托大便分类法列出了 7 种粪便类型，从"坚果一样的小硬球状"的 1 型到"完全液体"的 7 型。

你究竟有多少毛发？

你浑身上下都有毛发！只有你的嘴唇、手掌和脚底没有毛发——你的身体被大约 500 万根毛发覆盖着。

你知道吗？

考拉的指纹和人类的非常相似，以至于法医和警察都可能会弄混。

每年，你的心脏要跳动多少次？

你的心脏每年跳动超过 3000 万次！

人们能通过声音判断另一个人的高矮胖瘦吗？

可以！人们确实可以通过声音来判断另一个人的身高和体型，原理与声呐相似。研究人员认为，人类或许已经具备这项技能数千年之久。

你知道吗？

你的耳朵、眼睛，甚至膀胱，都可以被机器取代。

一天中最危险的时间是什么时候？

上午 6 点到 9 点之间是人体很脆弱的时段，这段时间很容易在睡梦中发生意外。

你脑袋里有把"锤子"？

你的两只耳朵里各有一组镫骨、砧骨和锤骨（hammer，意指锤子）！它们是中耳的听小骨，是人类身体中最小的 3 块骨头。

你知道吗？

除了人类之外，只有猪、大象和犀牛三种动物会被晒伤。

你的感觉能有多灵敏？

神经信号的速度超级快！它从你的脚趾到达你的大脑，只需要不到百分之一秒的时间。

笑会带来危险吗?

　　大笑和咳嗽对脊柱的压力比站着或走路都更大，有人甚至因为咳嗽而背部受伤。

你知道吗?

　　健康的牙齿在 X 光片中表现为密度较高的完整齿形。如果牙齿出现龋坏，龋损的部位则会呈现低密度的阴影。

你身体里最长的骨头在哪里?

　　股骨（又名大腿骨）是下肢上端、膝关节和髋关节之间的粗壮骨头，支撑全身运动，也是身体中最长的骨头。

你身体内最大的肌肉在哪里？

你体内最大的肌肉就是你坐着的那一块——臀大肌，位于臀部。

你知道吗？

如果只是不吃食物你可以活一个月，但如果不喝水你只能活一个星期。

你是在晚上长高的吗？

让你长高的生长激素只有在你睡觉的时候才会分泌，所以如果你想长高，就应该早点儿睡觉！

你能让指甲变厚吗？

指甲的薄厚程度是先天决定的——没有什么东西能让它们长得更厚！

在哪里打喷嚏会得到夸奖？

古希腊人相信打喷嚏是神赐的好兆头。

你知道吗？

手指甲的生长速度是脚指甲的 4 倍。

你的大脑能管理多少信息？

你大脑中的每个神经细胞每秒都可以接收超过 10 万条信息！

我们有尾巴吗?

人类有尾骨!它的英文名为"coccyx",意思是"杜鹃"骨,因为它的形状看起来像杜鹃鸟的喙。

人类是唯一会笑的动物吗?

不。人类并不是唯一会笑的动物。

你知道吗?

你的头发在温暖的天气里比在寒冷的天气里长得更快。

你一生可以走多远的路程？

如果按人类的平均寿命 70 岁来计算，那么你在一生中行走的路程差不多可以绕地球 3 圈。

你有多"水润"？

你身体约 66% 的重量是由各种形式的水组成的。

你知道吗？

你的左右肺大小不同！左肺小一些，为你的心脏留出空间。

你的头上有多少根头发？

每个人头上有大约 10 万根头发。不信你可以数数看！

婴儿眨眼吗？

婴儿和儿童眨眼的频率低于成人。新生儿每分钟只眨眼 1—2 次！

你知道吗？

你的头骨由 23 块骨头组成。

孩子的呼吸频率比大人快，而且年龄越小，呼吸频率越快。这是因为儿童的肺容量小，潮气量（安静呼吸每次吸入呼出的量）也小，而代谢水平及氧气的需要量则相对较高，所以需要提高呼吸频率吸收更多氧气。

指甲能长多长?

一名印度男子66年没有剪过指甲！在2018年他修剪指甲之前，他的指甲长到了令人震惊的909.6厘米！

哪里的人平均寿命最长?

日本女性的平均寿命最长，达80岁以上。

那个人叫什么来着？

在聊天中忽然忘记一个词或名字的现象被称作"词性遗忘"。

你知道吗？

你的甲状腺呈蝴蝶状。它在你的颈部，它是影响你生长发育的重要器官之一。

人类曾经有过多余的眼睑吗？

有没有想过你眼角的粉红色嫩肉是什么？我们的祖先曾有一对额外的眼睑，可以通过水平闭合的方式来保护眼睛。但数百万年前我们就不需要它了，所以它退化消失了。

骨头最多的身体部位是哪里？

你的手和脚的骨头数量占全身骨头数量的一半以上。

你知道吗？

你的胃液酸性足以溶解金属，却无法消化番茄种子——它们会直接通过肠道被排泄出去。

如果你失去了脑细胞，会发生什么？

大脑的神经细胞称为神经元，是身体中唯一不能再生的细胞。如果它们消失，就再也回不来了！

新的头发要多久才能长出来？

头发是有生长周期的，当头发进入休止期时就会停止生长，然后自然脱落。旧的头发脱落后，毛囊中会长出新的头发，进入新的生长期。从旧头发脱落到新的头发长出头皮大概需要 3 个月的时间。

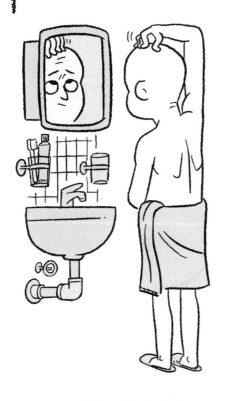

你知道吗？

你做的每一个动作都要用到肌肉，你全身总共有超过 630 块肌肉！

你哪里的皮肤最厚？

人脚底的皮肤是最厚的。如果你经常赤脚走路，脚底的皮肤会变得更厚。眼睑则是全身最薄的皮肤。

脑洞大开的
食物

哪些美食是用动物血制作的?

在世界上的很多地方,动物血都是一种备受欢迎的食物。波兰人喜欢美味的鸭血汤;韩国人喜欢鲜美的猪血汤;菲律宾人喜欢用猪血炖肉;非洲的一些部落则更喜欢用牛血制作的食物。

"松节油"杧果因何而得名?

因为它闻起来有股松节油的味儿!你可以放心吃这种杧果,据说吃它的感觉就像在刚粉刷过的房间里吃一个普通的杧果差不多。

你知道吗?

在香港可以买到袋装的脆炸蟹当零食吃。

有人喜欢吃"啮齿动物大餐"吗？

在赞比亚和马拉维，老鼠可是一道美味佳肴。

小龙虾的哪些部位不能吃？

小龙虾是很多人喜爱的美食，常见的做法有麻辣小龙虾、爆炒小龙虾、十三香小龙虾等。虽然小龙虾很美味，但千万不要吃它的头部，因为小龙虾的头部容易堆积分泌物和排泄物，甚至可能有寄生虫存在。

花生除了被吃掉，还有什么用？

美国科学家乔治·W.卡佛用花生研制成了 300 多种产品，包括布料和木头的染色剂。

醉虾真的醉酒了吗？

醉虾是中国南方的一道特色名菜，富含磷、钙，营养丰富。醉虾真的是喝醉了的虾吗？其实，之所以称这道菜为醉虾，是因为在制作过程中会把活虾倒入酒中浸泡一段时间。

你知道吗？

在意大利北部，将龙虾活着煮熟是一种犯罪行为，会被处以罚款。

母鸡一年能下多少个蛋?

健康的母鸡一年能下 200—300 个蛋。

鱼眼也是一道美食吗?

在某些地区, 人们认为清蒸鱼最美味的部位就是鱼眼。他们认为鱼眼富含蛋白质, 多吃鱼眼可以使眼睛更明亮。

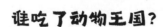

谁吃了动物王国?

19 世纪的英国地质学家威廉·巴克兰几乎吃遍了他能找到的所有动物——包括黑豹和鳄鱼。他说自己吃过的最难吃的东西是鼹鼠和苍蝇。

有人吃袋鼠吗？

袋鼠肉的脂肪含量很低，你可以在澳大利亚买到袋鼠香肠和袋鼠肉排。

你知道吗？

"章鱼料理"是韩国有名的辣系料理之一。韩国人喜欢将章鱼放在锅里和辣椒酱一起炒，做成"辣炒章鱼"，很受当地人的喜欢。

你知道吗？

醋鳗是一种喜欢生活在醋中的线虫。别担心——瓶装醋经过巴氏消毒和过滤，所以你不会在你买的醋里发现这种小虫子！

海参是蔬菜吗？

海参又名"海黄瓜"，是一种名贵的海产动物，和黄瓜没有一点儿关系。当遇到天敌的时候，海参还能将自己体内的五脏六腑一股脑地喷射出来，以此迷惑天敌，从而逃之夭夭。

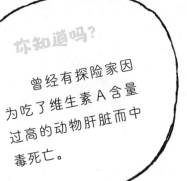

你知道吗？

曾经有探险家因为吃了维生素 A 含量过高的动物肝脏而中毒死亡。

有什么传统菜肴是被禁止食用的吗？

圃鹀（wú）是一种会唱歌的珍稀小鸟，却因为人类不节制地肆意捕猎而濒临绝种。圃鹀身形不到巴掌大小，人们将其捕获后，会将它们关在黑暗的环境里，催肥至正常体形的 3 倍大小。再用白兰地浸泡，接着拔毛烤熟，最后整个吃掉。欧盟在 1979 年将圃鹀列为保育动物并禁止猎杀。

"女巫扫帚病"是什么？

女巫扫帚病是一种由真菌引起的树木常见病，患病树木会长出像扫帚一样的畸形侧枝。

谁是世界上最狂热的烤豆粉丝？

威尔士人巴里·柯克热衷于烤豆子！他曾穿橙色的烤豆子衣服，还建立了烤豆博物馆。

你知道吗？

茶叶还有药用价值。

蛇瓜是动物还是植物？

蛇瓜是一种原产于印度的植物，在中国南北方均有栽培。这种植物无论是果皮颜色、果实长度，还是扭曲旋转的外形都和蛇十分相似。但其实这种蔬菜的营养十分丰富，对人体健康极为有利。

你知道吗？

西红柿属于浆果植物。

蝙蝠能吃吗？

蝙蝠不能吃。蝙蝠体内携带狂犬病毒等多种对人体有害的病毒，除了蝙蝠，其他野生动物也不能吃哟。

有菠萝果冻吗？

没有。新鲜菠萝含有一种酶，会阻止果冻凝固。

大蒜有什么妙用？

长久以来，大蒜因其药用价值而被用来抗菌消炎，还被古埃及人拿来治疗蠕虫病。

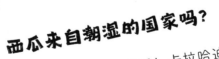

西瓜来自潮湿的国家吗？

不，事实恰恰相反！卡拉哈迪沙漠就盛产西瓜。

对什么食物过敏的人最多？

对牛奶过敏的人比对其他食物过敏的人都多。

葡萄柚的名字是怎么来的？

葡萄柚得名于它们成群生长的方式——看起来就像一串串巨大的葡萄！

你知道吗？

1998 年，几十个来自印度北部的人患上了重病，因为他们在烹饪时使用了一种味道像芥末的油。后来人们发现，这种油是由有毒的蓟罂粟种子制成的，闻起来很像芥末油。

有专门卖昆虫的餐馆吗？

美食会让人心情愉悦，但有些餐厅的美食却格外挑战人的勇气。曾经有一家叫"昆虫俱乐部"的餐馆，只供应用各种昆虫做成的菜。菜品包括蟋蟀比萨、昆虫巧克力和油炸蚕蛹等。

你知道吗？

在埃及古墓中曾发现过干豌豆。

商店里卖的蛋能孵出小鸡吗？

偶尔可以。一个英国女孩把两个从商店买来的有机鸡蛋放进孵卵器里，看它们是否会孵化。3个星期后，真的孵出了两只毛茸茸的小鸡！

火鸡来自土耳其吗？

火鸡原产自墨西哥。它们的英文"turkey"发音和"土耳其"相近，是因为它们是被土耳其商人贩卖到欧洲的。

你知道吗？

18 世纪之前，很多英国人都认为西红柿是有毒的。

水果有什么新奇的吃法？

有些地方的人会用水果蘸辣椒面吃，味道又酸又辣。据说这种吃法还能改善食欲不振呢。

素食主义者可以吃棉花糖吗？

早期的棉花糖使用植物提取物作为凝胶剂，而现代的棉花糖则使用明胶。但是，因为明胶是从动物组织中提取出来的，因此棉花糖并不适合素食主义者。

苹果是苹果树的什么器官？

苹果树属于被子植物。被子植物有六大器官：根、茎、叶、花、果实、种子。

苹果是苹果树这种植物的果实。

你知道吗？

胡萝卜酱在葡萄牙是一道受人欢迎的美味。

嚼口香糖有好处吗？

日本科学家认为，嚼口香糖对大脑有益。因为咀嚼的动作能刺激大脑，提高记忆力！

你知道吗？

罗勒籽饮料是一种产自亚洲的浓稠的、满是种子的饮料。据说这种饮料的口感就像吃青蛙卵！

有没有被"禁止"的大米？

有一种名为"禁米"的黑紫色大米。这种米煮熟后会变成深紫色，煮米的水会变成亮紫色。

"培根片"是什么食物?

在 16 世纪，腌制过的薄肉片被称为培根片。

吃胡萝卜会让你也变橘黄色吗？

是的，吃胡萝卜的确能让你的皮肤变得更黄，但你要吃很多胡萝卜才会这样！

蜂蜜会变质吗？

蜂蜜有一定的抗菌作用，不容易变质。

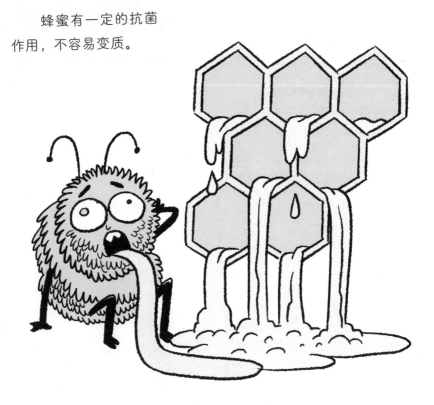

有紫色的薯条吗？

"瓦尔蓝"和"黑美人"是两种蓝紫色的土豆，你可以用这两种土豆做出蓝紫色的薯条！

你知道吗？

哈佛大学的一项研究发现，喝热巧克力有助于提高记忆力。

会有人生吃章鱼吗？

韩国有一道料理就是生吃章鱼，美国的动物保护组织就对此事进行过抗议，认为这道料理不仅残忍还非常危险，千万不要尝试呀！

鮟鱇鱼肝是怎样烹饪的？

在日本，鮟鱇鱼肝是一道美食。厨师会将腌制好的鮟鱇鱼肝脏清蒸，搭配料汁或直接食用。

你知道吗？

除了人类，没有其他动物会主动喝别的动物的奶。

什么气味能帮你集中注意力？

柑橘的香味可以帮助你集中注意力！一项在汽车中使用柑橘香的研究表明，在有柑橘香的车内，司机的驾驶状态表现得更好。

哪个国家的人吃的鸡蛋最多？

中国是全球产蛋第一大国，但却不是鸡蛋人均消费量最高的国家。人均消费量最高的国家是墨西哥，平均每人每年能吃 300 多个鸡蛋。

西班牙人用西红柿打架吗？

在西班牙，每年都会举行西红柿大战。当天，来自世界各地的几万名狂欢者会互相投掷西红柿，被砸掉或扔掉的西红柿多达百吨。

有人吃刺猬吗？

欧洲中世纪的人们会吃刺猬。现在，刺猬是保护动物，不可以捕杀，不过有的国家会用刺猬皮制作药物。

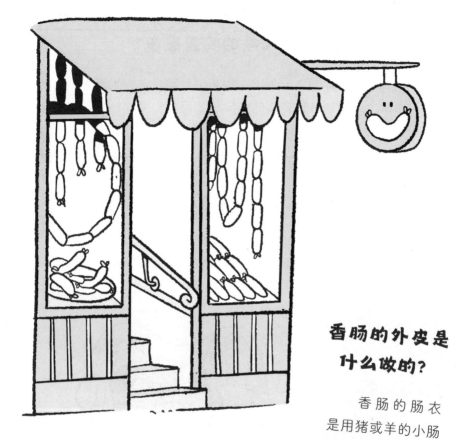

香肠的外皮是
什么做的？

香肠的肠衣
是用猪或羊的小肠
（或大肠）做的。

黄瓜来自哪里？

黄瓜原产于印度。

你知道吗？

广受欢迎的小
吃——蚕蛹，是将
蚕蛹蒸熟或煮熟后
调味做成的。

脑洞大开的生物世界

鲨鱼有味蕾吗？

有。鲨鱼口中有许多小的味觉细胞，它们对食物的味道非常敏感，鲨鱼通过味觉来判断被捕获的食物是否可口。有些鲨鱼还有"鱼须"，鱼须末端有味蕾，可以品尝和"触摸"猎物。

柠檬鲨是胎生吗？

鲨鱼有卵生的，也有胎生的，还有卵胎生的。柠檬鲨是胎生的，柠檬鲨的子宫最多可容纳 17 只幼鲨。幼鲨在母亲体内发育成长，通过脐带获得氧气和营养。

鲨鱼妈妈会照顾它们的宝宝吗？

大多数鲨鱼妈妈不会照顾幼鲨，从幼鲨出生那刻起它们就会分开，但它们会给自己的孩子提供一个好的生活开端。它们会把幼崽产在浅水的沿海水域，在那里，幼鲨会度过一个相对安全的童年。

为什么说沙虎鲨是最小的杀手？

一只雌性沙虎鲨在怀孕期间体内通常有好几个孩子，但最终它只会产下一个孩子。这是因为在母鲨的子宫里，它们就会互相残杀，最强壮的幼鲨会吃掉其他的兄弟姐妹，直到自己成为唯一剩下的那个。

世界上最大的鱼是哪种？

鲸鲨是世界上现存最大的鱼，最长的可达 20 米。

鲨鱼撕咬猎物时会闭上眼睛吗？

有些鲨鱼有第三眼睑（又被称为"瞬膜"），因此当它们撕咬猎物时，第三眼睑会闭合用来保护眼睛。而其他鲨鱼只能在撕咬猎物的瞬间简单地把眼球往上翻。

在黑暗的环境下鲨鱼能看见吗？

与其他鱼类不同的是，鲨鱼不仅可以通过扩大瞳孔来控制光线进入眼睛的多少，而且还可以在昏暗的环境中充分利用光线。这要归功于它们眼睛后面像镜子一样的透明结构（类似猫的眼睛构造）。这也使得鲨鱼即使在昏暗的水域中也能保持很好的视力。

鲨鱼的鼻子有什么特别的地方吗？

鲨鱼鼻子的皮肤小孔上布满了对电流非常敏感的神经细胞。海水的温度变化会使鲨鱼鼻子里的胶体产生电流，刺激神经，使它感知到温度的差异。

鲨鱼只能看见黑色和白色吗？

并不是所有鲨鱼的眼睛构造都是一样的，但大多数鲨鱼看到的世界确实只有黑色和白色。

鲨鱼摸起来是什么感觉？

鲨鱼的皮肤上覆盖着锋利的齿状鳞片，叫作"盾鳞"，摸起来感觉像砂纸。这些盾鳞可以减少鲨鱼游泳时的阻力。

你知道吗？

大多数鱼都是用充满气的鱼鳔来获得浮力（使自己能够保持漂浮），而鲨鱼没有鱼鳔，只能不停地游动才能保证身体不沉入水底。

大多数鲨鱼都很危险吗？

尽管世界上已知的鲨鱼种类有 500 种左右，但实际上只有十几种对人类有攻击性。鲨鱼对人类的大多数攻击，都是由于它们把人类误以为是它们的自然猎物，如海豹或海龟等。

鲨鱼的侧线是什么？

鲨鱼的头部侧线和身体两侧的侧线都是由一些小窝底部的感觉器官所组成。当鲨鱼游动时，水会冲击这些侧线上的感觉器官，它们就会向鲨鱼的大脑发送有关水中压力变化和动作的信号。

你知道吗？

为了让鲨鱼繁衍后代，德国一家水族馆居然会为鲨鱼放情歌！

侧线有什么用？

侧线可以让鲨鱼对周围环境建立起清晰的"图像"认知，并迅速察觉水流的变化，使鲨鱼能在很远就捕捉到其他鱼翻滚时所产生的水流震动，更快速地锁定猎物。

背鳍有什么用？

在电影中，若有人身处大海，看见伸出水面的背鳍总是会预示着危险的鲨鱼正在靠近。但实际上，对于鲨鱼来说，背鳍更像是一个稳定装置，可以防止它们在水中翻滚，从而保持平衡。

你知道吗？

有些鲨鱼能在浓度低至百亿分之一的情况下嗅出猎物的气味。

哪种鲨鱼的尾巴最长？

浅海长尾鲨的尾鳍是其头部和躯干总长度的 1.5 倍，长度可达 4.5 米。它们会用尾部拍打和击昏猎物，然后再把猎物翻过身吃掉。

为什么冬天时鸭子的脚不会被冻僵？

鸭子的脚掌本身温度就很低，所以当它们在冰冷的水中游泳时是不会感觉到寒冷的。

鲨鱼是怎么确定方向的？

鲨鱼的电感应能力就像一枚内置的指南针，可以帮助它们利用地球磁场确定方向。

你知道吗？

蟒蛇可以数月不吃东西。

企鹅多大会下海？

小企鹅直到三个月大后才会下海。

你知道吗？

据观察，被圈养的柠檬鲨一生能长出大约2万多颗牙齿。你想想，如果它们要刷牙，那可得费好大的劲儿呢！

你知道吗？

帝企鹅的蛋像成人的手掌那么大，一颗差不多有500克重。

章鱼幼崽有多大？

一只刚刚出生的小章鱼大约只有跳蚤那么大，但它会以每天约 1% 的速度生长。

你知道吗？

有些种类的章鱼体内含有毒素，无论哪种生物吃下它们，都会立刻被毒死。

谁是世界上最大的螃蟹？

目前已知的最大的螃蟹时巨螯蟹。它们的身体长度平均约为 3 米，但它们的腿像踩了高跷一样，一步的跨度可达 4 米。

章鱼的心脏不止一个？

章鱼有 3 颗心脏！其中 2 颗叫作"鳃心脏"，1 颗叫作"体心脏"。它们的作用是不同的：鳃心脏有两个作用，一个是供血，另一个是将身体产生的废物过滤；体心脏主要作用只有一个，就是为全身供血，它是章鱼身体最核心的部分。

你知道吗？

章鱼在抓住水母进食时，会利用其灵活的触手将水母紧紧包裹，再从其唾液腺中分泌出一种消化酶，这种酶能够分解水母的组织，使其变得易于消化。

哪种海洋生物的眼睛最大？

如果按照身体比例来衡量，吸血鱿鱼的眼睛是所有海洋生物中最大的。如果它的个头有人那么大的话，那它的眼睛差不多有乒乓球拍那么大！

树也可以被当作监狱吗？

"波布监狱树"是一棵巨大的空心猴面包树，这棵树长在澳大利亚，19 世纪时，它曾被用来关押犯人。

你知道吗？

鳄龟的下颚非常有力，可以咬掉人类的手指。

谁带着贵宾犬上阵杀敌？

17 世纪，莱茵河贵族鲁伯特王子曾多次带着他的贵宾犬参战。

水母的触须能伸多长？

北极霞水母的触须可以伸到距离身体 40 多米的地方。

世界上最大的水母有多大？

世界上最大的水母是生活在大西洋的北极霞水母。它的身体有 2 米多长，最长的触角更是长达 40 米。

水母会游泳吗？

会，但是水母并不擅长游泳。它们常常要借助风、浪和水流来移动，也会采用喷射法进行游泳，即通过收缩外壳挤压内腔的方式，改变内腔体积，从而喷出腔内的水，再通过喷水推进的方式进行移动。

以前的假牙是什么做的？

以前的假牙是由动物的牙或骨头制成的！

你知道吗？

母猫往往喜欢用右爪，公猫通常是左撇子。

你知道吗？

大作家欧内斯特·海明威有一只长着6个脚趾的猫。

海鳝可以有多长？

据了解，有一种细长的巨型海鳝可以长到4米多长。

你知道吗？

鹿角在石器时代被用来制作锤子、斧头、匕首和针。

我们为什么要咀嚼食物？

人类跟蛇不一样，咀嚼是我们消化食物的第一步。唾液中含有一种叫作酶的特殊化学物质，能分解食物，启动消化食物的过程，从而为身体提供营养。咀嚼后的食物能让酶更好地发挥作用，而且小块食物也更容易输送到胃部。

负鼠是怎么装死的?

负鼠如果感受到威胁就会"装死"。它们会一动不动地躺着，伸出舌头，排泄出有臭味的黏液，使自己闻起来像腐烂的肉一样。

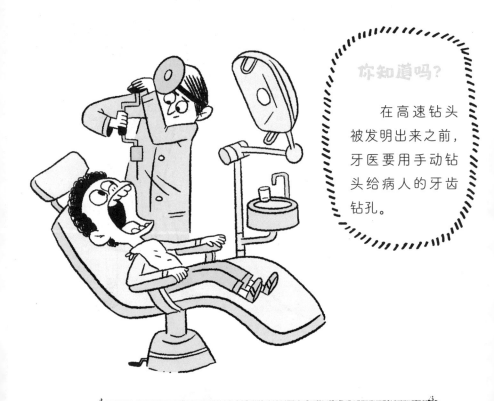

你知道吗?

在高速钻头被发明出来之前，牙医要用手动钻头给病人的牙齿钻孔。

狐狗为什么不怕蝎子?

狐獴对许多致命的毒液免疫，所以它们可以吃蝎子，包括蝎子尾部的毒针。

谁把生菜当甜点吃？

罗马人过去常把生菜做成甜点吃。

你知道吗？

萝卜经过霜冻后味道会变得更好。

蟒蛇为什么能吞下身形很大的猎物？

蟒蛇之所以能吞食比自己大好几倍的猎物，是因为其独特的上下颌结构。它们的上下颌由韧带相连接，因此可以分开很大，以便让身形很大的猎物通过咽喉。

眼镜王蛇的毒液有多危险？

眼镜王蛇的毒液毒性极强，就算只是一小块裸露的皮肤沾上毒液，也可能使人昏迷。

响尾蛇的尾巴为什么会发出声响？

响尾蛇的尾巴是由一节节类似葫芦一样的结构组成，这种结构叫响环。当响尾蛇摇动尾巴时，这些响环会相互碰撞，发出声音，再加上它的尾巴内部有许多中空的腔体，这些腔体不仅能够像回音谷一样传递声音，还可以增加声音频率。

你知道吗？

在亚洲部分地区，人们训练豚尾猕猴帮忙采集椰子。

真的有鸭嘴兽这种动物吗？

是的，不过它们的长相实在是太奇特了，伦敦大英博物馆的工作人员在第一次看到送来的鸭嘴兽标本时，曾认为那是一只假的动物，并试图扯下它的嘴。

你知道吗？

指猴的手与人类相似，但是长有较长且细瘦的中指。

眼镜猴戴"眼镜"吗？

眼镜猴（一种小型灵长类动物）并不是真的戴眼镜，只是它体形小，眼睛却非常大，看起来就像戴了眼镜一样，因此得名。

狮子的吼叫声有多大？

成年狮子的吼叫声非常大，甚至在 8 千米外的地方都能听见它们的吼声。

你知道吗？

猎豹是陆地上跑得最快的动物。

你知道吗？

在重量相同的情况下，草莓和红辣椒的维生素 C 含量都高于橙子。

树懒为什么看上去常常是绿色的?

因为树懒不爱运动，生活的环境又潮湿，以至于身上经常会长一层藻类，使它们看上去是绿色的。

蟆螈的再生能力有多强?

如果蟆螈的身体因受伤断肢了，受伤部位是可以再生的。它们不仅腿、手臂等肢体和尾巴可以再生，就连体内的器官也可以再生!

你知道吗?

因为树懒行动缓慢，所以体力消耗特别少。它们即使一个月不吃东西也不会饿死。

牛的反刍行为是指什么?

牛的反刍是指在进食一段时间后，它们会将半消化的食物从胃里返回嘴里再次咀嚼。

你知道吗?

我们在吃东西时，很容易顺带吸入空气，尤其是在进食速度很快的情况下。这些进入身体的空气会以打嗝或放屁的形式排出。

你知道吗?

人们经常喝牛奶而较少喝其他动物的奶，是因为牛是人类饲养的家畜中产奶最多的。牛的奶量丰富且营养价值高，又长期被人类驯养，久而久之，人类便养成了饮用牛奶的习惯。

你知道吗？

毒芹这种有毒的植物的根部是白色的，可能会被误认为是野芹菜。可千万不能混淆它们！

你知道吗？

早期的探险家认为长颈鹿是骆驼和豹杂交出的新物种，还给它们起名叫作"骆驼豹"！

松鼠的长尾巴有什么用？

松鼠那蓬松的长尾巴有很多用处：跳跃时，大大的尾巴悬在空中可以使其保持身体平衡；睡觉时，尾巴可以充当它们温暖的棉被，进行保暖。

大蒜危险吗？

大蒜含有的大蒜素会刺激皮肤，如果皮肤长时间直接接触大蒜，会出现过敏反应，甚至导致皮肤起泡。

你知道吗？

仓鼠大约要在自己的仓库里储存 10 千克的粮食，以解决漫长冬季里的温饱问题。

仓鼠都吃什么？

仓鼠为杂食性动物，主要以植物种子为食，兼食植物的嫩茎、叶和果实，偶尔也吃昆虫。

植物能在南极和北极生存吗?

　　南极和北极地区常年寒冷，植物稀少。但在靠近北极的北极圈和靠近极的南极圈内，我们也能发现一些植物。生活在南极的植物多属于低等植物，以苔藓和生命力旺盛的地衣为主。而生活在北极的植物，鲜少是高大的树木，多为一些生长期很短的矮生植物，相对南极，北极的生态圈更为活跃。

你知道吗?

　　花生可以用来制作油漆、上光剂、杀虫剂、肥皂甚至是泻药。

仙人掌有叶子吗?

　　仙人掌身上的刺就是它的叶子。如果仙人掌的叶子长成橡树或山毛榉的叶子那样，就无法忍耐沙漠酷热的天气。这些尖刺还能保护仙人掌不被食草动物吃掉。

最早被人类驯化的植物是什么？

科学家们正在研究农耕文明的起源。水稻是起源于中国南方的栽培作物，最近，人们关于水稻取得了一项考古新发现，研究表明人类早在 10 000 多年前就开始种植水稻了。人们还在以色列发现了距今 11 300 年前的无花果化石和人类遗骸化石，这些都很有价值，因为无花果需要人类种植，无法野生。

北极熊是如何找到食物的？

北极熊具有极其灵敏的嗅觉，能凭嗅觉准确判断几公里外猎物的位置。

为什么盆景树长得那么小？

盆景艺术起源于中国。盆景是指在盆内表现自然景观，让栽种在盆中的树木看上去像是真实树木的微缩景观。人们不断地给盆景中的植物修剪枝条，让它沿着特定的方向和大小生长。大多数盆景树的高度仅为 50 厘米。

人类可以发电吗？

是的。你的神经系统不断地向全身发送的神经信号就是电信号。

什么是转基因作物？

一些科学家正在努力尝试改变作物的基因，从而提高作物的产量、增强作物的抗虫性。基因发生了人为改变的作物就叫转基因作物。不过，关于转基因作物是否会对环境产生影响，如今仍存在着较大的争议。

怎样可以鉴别一个变质的鸡蛋？

变质鸡蛋的蛋黄是绿色的。

为什么草是绿色的而不是蓝色的？

草利用阳光，通过光合作用，制造生存所必需的能量和养分。光合作用依赖于植物体内一种叫作叶绿素的化学物质，因为叶绿素是绿色的，所以草也呈现绿色。

花生是坚果吗？

很多人误以为花生是坚果，然而，从植物学的分类而言，花生其实是豆科植物的种子。豆科植物的果实具有坚硬的外壳，也就是豆荚，里面含有两颗或更多种子。比如，大家都很熟悉的豌豆就长在豆荚里，豌豆也属于豆科植物。杏仁和核桃才是真正意义上的坚果，它们是长在树上的单籽果实，也被坚硬的外壳包裹着。

大自然中最致命的毒药是什么？

在自然界中，最致命的毒药之一是蓖麻子体内的蓖麻毒素，只需 7 毫克就足以使成年人丧命！

世界上最大的水果是什么？

　　世界上最大的水果是菠萝蜜，它也是最重的水果。这种水果生长在印度和东南亚的热带雨林中，尝起来很像香蕉，但味道更酸一些。一般重达5—20千克，果实成熟时表皮呈现黄褐色，表面有瘤状凸体和粗毛。

煮什么蛋花费的时间最长？

　　鸵鸟蛋，因为它太大了，煮熟它大约需要40分钟！

你能在火星上"减重"吗？

　　是的。火星的引力还不到地球的40%，因此如果你在火星上称重的话，会比现在轻得多！

世界上大多数的植物和动物分布在哪里？

雨林只占地球表面面积的 1.2%，但全球 50% 的物种都生活在雨林。

大西洋在变大吗？

是的。大西洋正以每年约 4 厘米的速度向外扩张。

你知道吗？

贻贝和牡蛎一样，都能生产出珍珠。

哪种植物的种子最大？

世界上种子最大的植物要数海椰子，又被称作复椰子。这是一种原产于印度洋岛屿的棕榈树。海椰子的种子很奇特，被包在卵形的果肉里，呈坚果状，看起来像两个椰子，其重量可超过 17 千克。

月球上有地震吗？

当然有，但严格来讲，月球上的地震应该叫作"月震"。

玉米真能长到"大象的眼睛那么高"吗？

"大象的眼睛那么高"是句歌词，源自美国很有名的经典音乐剧《俄克拉荷马》中的歌曲《多么美丽的早晨》。这句话听上去似乎很奇怪，实际上，大象的眼睛一般距离地面约 3 米高，而大多数玉米在长到约 2.5 米高时，就被收割了。不过，如果有充足的雨水、阳光和肥料，玉米的高度甚至能长到 4 米。所以，从科学的角度来看，玉米完全可以长得比大象的眼睛还要高呢！

世界上生长苹果最多的地方是哪里？

中国是全世界最大的苹果生产国。

植物的刺有什么用处呢？

面对饥肠辘辘正在觅食的动物们，长着美味叶子和花朵的植物难逃厄运。这就是为什么诸如玫瑰和仙人掌这样的植物，要用浑身尖刺来保护自己。即便动物们很想吃到那些美味的玫瑰花蕾，但看到那锐利的刺，长着柔嫩鼻子的动物也不得不"三思而后行"。

你怎么分辨鸡蛋是生的还是熟的？

你可以通过旋转鸡蛋来判断它是不是熟的。如果鸡蛋是生的，里面的蛋清是液态的，鸡蛋转几圈就会停下。如果是熟鸡蛋，蛋壳内部已经形成了固体，它可以旋转很久。

天花病毒是什么时候被消灭的？

1979 年，联合国世界卫生组织宣布，人类已在全球范围消灭天花病毒。不过，在美国疾控预防中心和俄罗斯国家病毒研究中心仍存有天花病毒的样本。

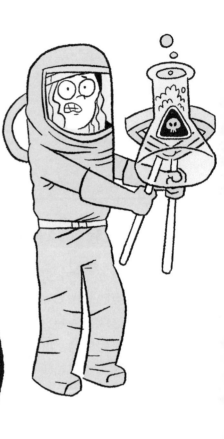

 你知道吗？

花生其实不是坚果。它们是一种豆科植物，果实生长在地下。

为什么有些树叶长得像针一样尖？

常绿树木的针叶其实就是树叶。与其他树叶一样，针叶中也含有叶绿素，在叶绿素的作用下，针叶通过光合作用制造养分。常绿树木大多生活在干燥、寒冷的地方。比起普通的树叶，针叶又细又硬，不仅能有效减少水分蒸发，还能更好地抵御严寒的侵袭。

为什么你不能直视太阳？

裸眼直视太阳时，阳光的红外线和紫外线等刺激眼睛的光线会通过眼球聚焦在视网膜上，导致视网膜灼伤，无法正常接收光线，从而损伤视力。

你知道吗？

葡萄原产于西亚地区，在西汉时被引入中国。

为什么树会有树皮呢？

实际上，乔木和灌木都有两层树皮。里面那层树皮由被称作木质部的管状细胞组成，这些细胞将水和矿物质从根部向上输送。外面那层树皮则由死细胞组成。这些死细胞已经硬化，既能保护树木免遭昆虫啃食，也能防止水分蒸发。

大多数"丝毛鸡",也就是我们经常说的"乌鸡",它们的羽毛是白色的。

文身为什么不会掉?

文身的原理是将颜料注入皮肤的真皮层,形成色斑标记。因为真皮层足够稳定,所以能维持几年或几十年。

长在地下的树根有什么用呢?

树木的根及根系通常生长在地下,树干支撑在地面,主要靠根系吸附土壤的力度来维持。树根对土壤的吸附力必须能承受树冠的压力和树冠所能承受的风力,否则树就很容易被强风吹倒。此外,树根的根系在地下的延伸范围也很广,有些树根覆盖的面积甚至是树冠覆盖面积的 3 倍。

为什么荨麻会扎人？

荨麻扎人的原因和其他带刺的植物一样，都是为了自我保护。因为浑身长着带刺的叶子，所以荨麻花朵不易被动物吃掉。然而，昆虫仍然可以停在花朵上，为荨麻传授花粉，繁衍后代。

你知道吗？

每个人看到的彩虹都是独一无二的。每道彩虹都是光线以非常精确的角度射入你的眼睛而形成的。站在你旁边的人看到的光的角度与你略有不同，因此他们看到的彩虹也与你看到的有所不同。

大蒜能把你从超自然现象中解救出来吗？

古代中欧人会把大蒜汁抹在烟囱和钥匙孔上，他们认为大蒜有驱赶邪灵的功效。

什么水果最臭？

大部分人认为是榴莲。它长在东南亚地区，看上去就像是大个头、浑身带刺的菠萝。不过，真正让榴莲名声大噪的是它独特的味道。有人把榴莲的味道形容为烂洋葱和臭袜子混在一起的感觉！可是，有一些人却非常喜欢榴莲，把它誉为"水果之王"。

蜘蛛丝的强度有多高？

蜘蛛丝看起来可能很脆弱，但它比同样粗细的钢丝要结实得多。

你知道吗？

直到 20 世纪，龙虾还被视为穷人的食物，甚至被当作肥料使用！

在月球上会被晒伤吗？

会。如果你不穿太空服就在月球上行走，那你的皮肤在几秒钟内就会被严重晒伤。

已知存在过的最大的陆生动物是什么？

已知存在过的陆生动物中，有一种叫阿根廷龙的恐龙，它的身长能达到 45 米，体重达 80—100 吨。

鸡头定位系统为什么叫这个名字？

鸡在运动时能维持头部平稳，使自己的视线平稳，认清东西。鸟类的眼球不可以随意旋转，因此要用头部来防抖动。

有史以来最大、最重的海洋动物是什么？

你可能会惊讶，已知有史以来最大的动物并不是史前生物，而是仍然在地球上生活的蓝鲸！

吃鱼真的能让人变聪明吗？

我们经常听到吃鱼会让人变聪明这种说法，但现在，科学家们证实吃鱼的确能让人变聪明。他们通过实验发现，如果经常食用某些鱼类，比如金枪鱼和鲭（qīng）鱼，考试成绩可能会更好一些。因为这些鱼富含欧米伽-3脂肪酸，能使大脑的血液流动更加通畅。

鱼离开水能生存吗？

非洲肺鱼可以。干旱时，非洲肺鱼会钻入泥穴中休眠好几年。离开水后，非洲肺鱼的鱼鳔能起到和肺一样的作用，帮助它呼吸！

你知道吗？

10 年以上的橡树才能结出橡子。

河马的危险性高吗？

河马的危险性极高，它们喜怒无常，攻击性极强。一旦其他动物进入了它们的领地，它们便会向这些入侵者发起攻击。

"毛瓜"是什么？

"毛瓜"是一种类似冬瓜的蔬菜。因为表面有绒毛而得了这样的名字。

为什么盆景树长得那么小？

盆景艺术起源于中国。盆景是指在盆内表现自然景观，让栽种在盆中的树木看上去像是真实树木的微缩景观。人们不断地给盆景中的植物修剪枝条，让它沿着特定的方向和大小生长。大多数盆景树的高度仅为 50 厘米。

谁在圣诞节吃天鹅？

在中世纪，富人的圣诞晚餐中可能会出现天鹅肉或孔雀肉。

为什么珠穆朗玛峰这样的高山上没有树呢？

随着海拔的升高，温度会越来越低。海拔最高的珠穆朗玛峰的山顶温度在 -40℃左右。但即使是在海拔较低的山上，强劲的风也会吹走泥土，只剩下光秃秃的岩石，不利于树木生长。

地球运动的速度有多快？

地球正以大约每秒630千米的惊人速度在宇宙中飞驰。

你知道吗？

如果站在地球上固定的位置不动，那么这里平均每300多年能看到一次日全食。

我们是如何追踪蜜蜂的？

研究人员通过在蜜蜂身上贴微型二维码来监测每一只实验蜜蜂的行动。

跳蚤能跳多高？

一般跳蚤能跳 30 厘米高。相当于它身长的 200 倍左右！

其他星球上也有植物吗？

迄今为止，科学家还没有在其他星球上发现有任何生命存在的证据。其他星球要么太冷，要么太热。美国国家航空航天局（NASA）的科学家曾经发射了一个名叫"好奇号"的火星探测车去火星探索。"好奇号"在火星上找到的证据表明，火星上可能存在有机盐或含碳盐，这表明这颗星球可能曾适于居住，但火星上是否曾存在过植物，仍有待探寻。

恐龙在地球上生活了多久?

从恐龙出现直至灭绝,它们在地球上生活了约1.7亿年。而现代人类的祖先出现至今,仅存在了300多万年。

沙子是用什么组成的

沙子的主要成分是石英形式的二氧化硅和少量的其他矿物。

你知道吗?

在瑞典中部的一座山上,生长着一棵古老的欧洲云杉。经研究,这棵树的根系大约有9 500岁了,而且至今还在继续生长。

珍珠奶茶是什么?

在亚洲"珍珠奶茶"是一种受欢迎的饮品。它的特别之处是在奶茶里添加了许多非常有嚼劲的木薯球用来丰富饮品的口感。

你知道吗?

植物也会睡觉,而且有些植物不仅晚上睡觉,中午也要睡觉。

哪位著名的儿童文学作家发明过医疗器械?

创作出《查理与巧克力工厂》的作家罗尔德·达尔与一名工程师和一名脑外科医生合作,发明了"韦德-达尔-蒂尔"脑分流器,用于帮助患有脑积水的患者。

世界上最高的活火山在哪里？

海拔最高的活火山是阿根廷北部的奥霍斯德尔萨拉多火山。它高约 6 890 米。

变绿的土豆真的有毒吗？

变绿的土豆中含有一种叫作茄碱的有毒物质，食用它会让人感到恶心，并引起严重的头痛。当土豆暴露在阳光下，而且温度适宜时，就会产生茄碱。与此同时，也会形成绿色的叶绿素。所以，一旦土豆变绿，就意味着土豆中已经产生了茄碱，不能再食用了。

如果吞下了种子，肚子里会长出植物吗？

这真是一个有趣的问题，想想植物生长需要哪些条件呢？水、二氧化碳、阳光和土壤提供的养分。而我们的胃里只能提供水，而且还是混合着胃酸的水。所以，植物的种子根本无法在我们的胃里发芽、生长。

你的身体怎么知道已经吃饱了？

身体里的脂肪细胞会分泌一种叫作瘦素的物质，并传送给大脑。瘦素会让大脑意识到，身体已经不需要更多食物了，应该停止进食了。有时候，如果有太多脂肪细胞，会产生非常多的瘦素。过多的瘦素会干扰大脑，让大脑无法准确判断是否真的应该停止进食。也就是说，过多的脂肪实际上会增强饥饿感。

你知道吗？

当细菌第一次被发现时，它们被叫作"微小动物"。

吃菠菜真的能变强壮吗？

有不少人都坚定地认为，吃菠菜能变得更强壮，因为菠菜含有大量铁元素（据说这种元素能让肌肉变强）。但事实上，与其他大多数绿色蔬菜相比，菠菜中的铁元素含量并没有更多。当然，吃菠菜仍旧好处多多，菠菜富含维生素，有利于心脏、骨骼和眼睛的健康。

等质量的水和冰哪个体积更大？

水结冰时，从液态变为固态，体积会增大，密度会减小。

你能在海洋以外的地方找到海豹吗？

在俄罗斯西伯利亚的贝加尔湖生活着一种贝加尔海豹。这个湖离海洋很远，这些海豹究竟是如何到达那里的呢？

你知道吗？

亚马孙王莲的叶片非常大，甚至容得下一个成年人躺在上面。

霸王龙摔倒时会发生什么？

霸王龙非常重，如果它摔倒，很有可能因此丧命，因为它的小胳膊撑不住它的体重！

你知道吗？

"幡状云"是一种气象奇观。从云中落下的降水，在到达地面之前就已经蒸发，丝丝缕缕的水蒸气就像是从云底垂下的丝状帘幕一样。

你知道吗？

每天，各种植物开花的时间基本是固定的。著名植物学家林奈曾把一些在不同时间开花的植物种在花坛中，栽成一个"花钟"，只要看一看花坛中的花，便可知道大概的时间了。

什么样的雨衣是臭的？

最早的雨衣由查尔斯·麦金托什设计，他用橡胶和煤焦油的副产品制成防水材料，制成雨衣。这种雨衣的确可以挡雨，但是气味很难闻！

仓鼠怎样搬运谷粒？

仓鼠搬运谷粒的方法很奇特：先把谷粒吞入口中，暂存在嘴旁的两个颊囊里，然后到了其储存粮食的地方，再把谷粒吐出来，储存起来。

你知道吗？

来自太阳的紫外线具有杀菌的特性，同时，它也会晒伤人的皮肤！

你知道吗？

在稻瘟病菌流行年份，一年中毁掉的水稻能产出可以养活 6 000 万人的大米。

海藻是植物吗？

海藻是生长在海中的藻类，是植物界的隐花植物，但它也能像植物一样，通过光合作用制造有机物来养活自己。但海藻又跟普通植物不同，海藻没有根，也没有输送营养和水分的导管，这是因为海藻的每个部位都与水完全接触，所以不需要单独的导管系统输送水分。

你知道吗？

每只猫的鼻纹都是独一无二的，就像人类的指纹一样。

意大利奇布里奥酱里有什么？

意大利奇布里奥酱是一种用鸡冠和鸡肝制成的酱汁。

什么树是活着的化石？

银杏树被称为"活化石"。这种树没有近亲，它们的出现可追溯到 2.7 亿年前。

巧克力是由什么制成的呢？

巧克力是用可可豆制成的。人们先把可可豆放在罐子里发酵，减少可可豆的苦味。然后，再对可可豆进行烘烤，去掉其外壳，并把剩下的果实磨成粉末。最后，巧克力制造商将糖、香草和牛奶加入可可豆粉末中，做成巧克力浆，不停地搅拌、捣碎，并反复加热。美味的巧克力就是这样制作出来的。

更多脑洞大开的食物

酵母如何使面包变得蓬松柔软？

酵母是一种真菌，当它受热时会变得很活跃。面包师把酵母拌到生面团中，然后把面团放在暖和的地方。酵母会分解面团中的葡萄糖，并产生二氧化碳，使面团变得蓬松。

你知道吗？

腰果的名字源于它和人类的肾高度相似的形状。

芹菜在什么情况下会"违法"？

向球场上扔芹菜是英国切尔西队球迷的传统，但实际上这在英国是一种违法行为，曾有人因为扔芹菜被捕！

枫糖浆是怎么做的？

枫糖浆是用枫树汁制作的。大约 40 升的枫树汁才能制作出 1 升枫糖浆。

你知道吗？

鳕鱼"舌"是一道很受欢迎的挪威菜。

柬埔寨有多少稻田？

柬埔寨 90% 的农田都被用于种植水稻。

巧克力对狗来说是有毒物品吗？

没错，狗如果吃了太多巧克力，有可能会丧命。巧克力中含有可可碱，这种化学物质对许多动物甚至包括人类都有毒。不过，人体可以分解可可碱，让它变得无害，但狗不能，所以毒素会在它的体内积聚。黑巧克力中含有大量可可碱，所以，千万不要喂小狗吃巧克力。

你知道吗？

最早的番茄酱配方中还有腌鱼作为配料。

谁"烘焙"了时装？

设计师让-保罗·高缇耶的展览中出现了面包做的裙子、鞋子和帽子……他的展览名为"面包高级定制"，展出的时装皆由面包和糕点制成。

谁把睡鼠当美餐？

古罗马人曾经饲养睡鼠作为食物，将它们做成美味的开胃菜。

你知道吗？

在中世纪，孩子们吃早餐的时候会喝啤酒！

你知道吗？

西瓜皮是可食用的。在亚洲，西瓜皮被当作蔬菜，常被用于制作炒菜和炖菜。

你能在农场里种巴西胡桃吗？

不能。巴西胡桃只生长在雨林中。

你知道吗？

一位英国渔民曾救了一只有三个螯足的螃蟹！这只变异的螃蟹并没有成为渔民的午餐，而是被带到当地水族馆展出。

世界上有多少种不同的芥末？

仅威斯康星州的国家芥末博物馆里，就有超过 6 000 种芥末！

茶包里装的不是整片的茶叶，而是碎茶叶。因为碎茶叶更方便装入茶包，也更容易冲泡。

一个鸡蛋内部蛋黄数量的最高纪录是多少？

有记录的鸡蛋里最多有 5 个蛋黄！

狗能吃面条吗？

狗可以吃面条，但你不能经常把面条喂给它们。一名男子经常给他的狗投喂泡面，结果它们上瘾了，只想吃泡面了！

咖啡过去在哪里售卖？

在许多国家，咖啡曾被放在药店里出售，被称作"阿拉伯葡萄酒"。

你知道吗？

在第一次世界大战期间，烤鹰嘴豆被当作咖啡的替代品。至今仍有很多人喜欢喝用鹰嘴豆煮制的"咖啡"。

史上规模最大的鸟群活动是什么？

史上规模最大的鸟群出现在 1866 年，当时人们在加拿大南部发现了一大群旅鸽。整个旅鸽群宽约 1.6 千米，长约 483 千米。这个旅鸽群的数量多达 35 亿只。不幸的是，旅鸽在 1914 年灭绝了。

你能"穿"香蕉吗?

香蕉树被用来制作布料已有数百年的历史，你完全有可能把香蕉树"穿"在身上。

胡萝卜都是橘色的吗?

直到 17 世纪，胡萝卜都是紫色的。而现在，你可以选择吃橘色、红色、黄色甚至白色的胡萝卜!